TROISIÈME MÉMOIRE

SUR

L'AMÉNAGEMENT DES BOIS

DE LA

COMMUNE DE SYAM

PAR

AD. GURNAUD

ANCIEN ÉLÈVE DE L'ÉCOLE FORESTIÈRE

BESANÇON

IMPRIMERIE ET LITHOGRAPHIE DE PAUL JACQUIN

Grande-Rue, 14, à la Vieille-Intendance

—

1885

TROISIÈME MÉMOIRE

SUR

L'AMÉNAGEMENT DES BOIS

DE LA

COMMUNE DE SYAM

PAR

AD. GURNAUD

ANCIEN ÉLÈVE DE L'ÉCOLE FORESTIÈRE

———

BESANÇON

IMPRIMERIE ET LITHOGRAPHIE DE PAUL JACQUIN

Grande-Rue, 14, & la Vieille-Intendance

—

1885

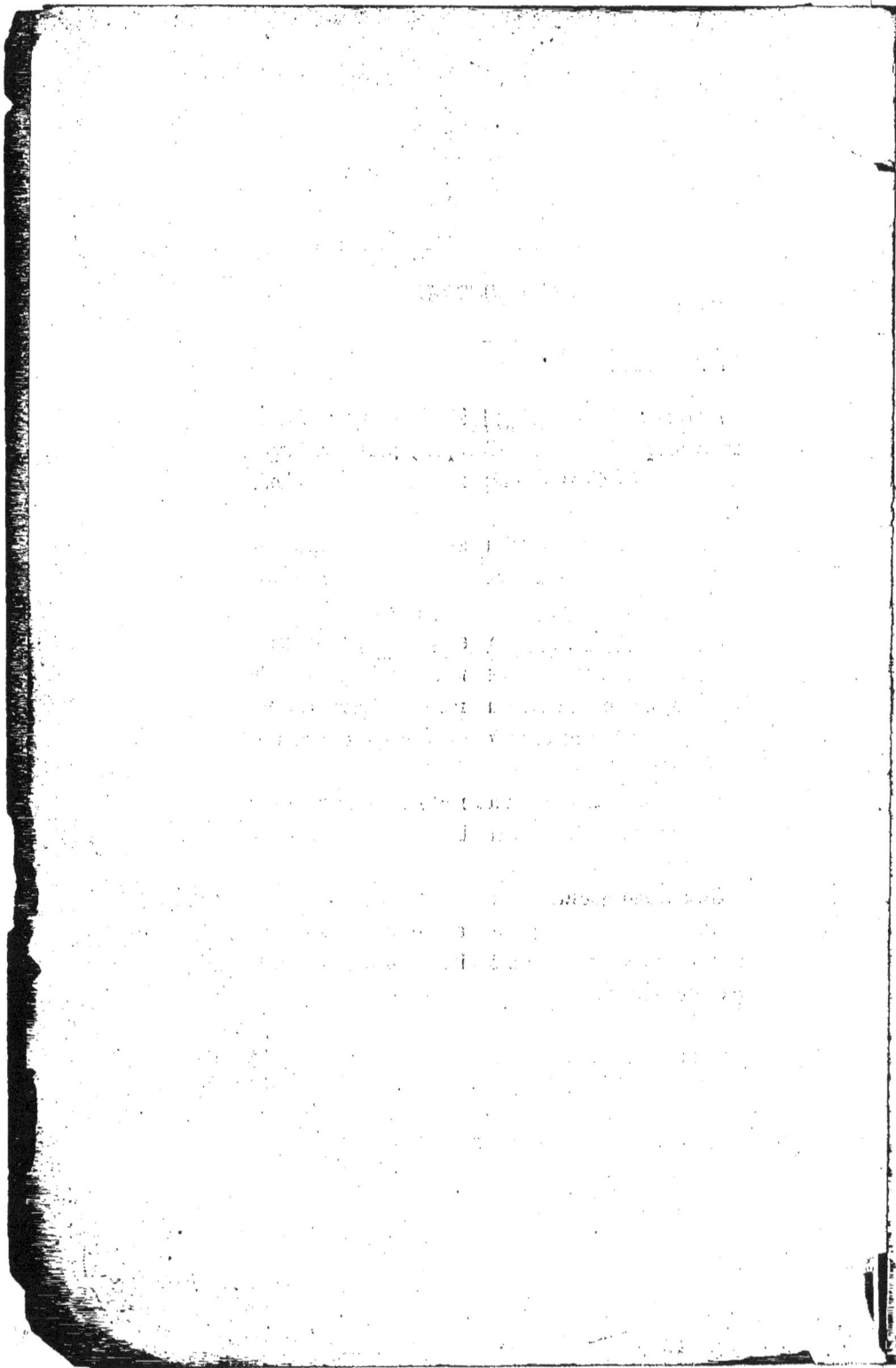

INTRODUCTION

A l'occasion du budget de 1885, il a été proposé dans un remarquable discours d'adopter, pour l'aménagement des bois soumis au régime forestier, la méthode du contrôle.

M. le ministre a combattu la proposition, mais les arguments produits à la tribune ne sont pas d'une certitude absolue.

Depuis 1866 la commune de Syam (Jura) demande l'adoption de cette méthode pour l'aménagement de ses bois, en se fondant sur une expérience faite en 1863, et maintenant confirmée par vingt-deux années de contrôle.

Aucune incertitude ne peut exister désormais ni sur la pratique du contrôle ni sur la méthode d'aménagement qui en a pris le nom.

C'est d'une question de fait qu'il s'agit. Quelle est, de la méthode du contrôle et de la méthode du réensemencement naturel et des éclaircies, celle qui donne le plus de produits ?

TROISIÈME MÉMOIRE

SUR L'AMÉNAGEMENT DES BOIS

DE LA COMMUNE DE SYAM

------*------

PREMIÈRE PARTIE

COMPARAISON DE LA MÉTHODE DU CONTROLE
ET DE LA MÉTHODE DU RÉENSEMENCEMENT NATUREL
ET DES ÉCLAIRCIES

I

FORÊTS D'ÉTUDE

La comparaison de la méthode du contrôle et de la
méthode du réensemencement naturel et des éclaircies
est établie à l'aide des résultats obtenus pendant vingt-
deux ans, du 1er janvier 1863 au 1er janvier 1885, dans
deux sapinières, situées sur le territoire de la commune
de Syam (Jura).

Ces forêts, identiques quant aux conditions de sol, de
déclivité, d'altitude et d'essences, sont : les Eperons, propriété particulière d'une contenance totale de 103^{h}74, et
la sapinière communale de Syam de 97^{h}65.

Elles diffèrent quant au matériel principal : au 1er janvier 1863, la forêt des Eperons contenait 12,919 mètres

cubes, soit à l'hectare moyen 124^m, et la sapinière de Syam, 25,619 m. c., soit à l'hectare moyen 262^m.

Le matériel principal est le volume, en bois de tige seulement, de la futaie, c'est-à-dire des arbres mesurant à 1^{m}33 de hauteur 0^{m}60 de tour et plus.

II

LES ÉPERONS

Jusqu'à la fin de 1861, les exploitations se sont faites arbitrairement dans la forêt des Eperons.

Lorsqu'un canton de cette forêt renfermait assez d'arbres, on y portait la coupe, qui consistait à exploiter tout ce qui pouvait être avantageusement vendu.

Il en résultait des trouées dans les peuplements, le vent renversait beaucoup d'arbres et parfois des cantons entiers.

En admettant que les futaies donnent moins de revenu par leur accroissement annuel qu'un capital argent d'égale valeur placé à intérêts, ce mode d'exploitation est logique, car il n'engage en forêt que le moindre capital possible.

Mais cette pratique a de graves inconvénients et le propriétaire des Eperons s'est demandé, si l'éducation des futaies est réellement onéreuse, dans quelle mesure cette culture peut être améliorée, et tout d'abord comment on peut apporter l'ordre dans les exploitations et en soumettre le résultat au contrôle.

III

LA SAPINIÈRE DE SYAM

La commune de Syam possède 240^{h}42 de bois, dans lesquels le sapin est mélangé aux essences feuillues. Le

sapin envahit, et ces forêts se transforment progressivement en sapinières.

En 1833, la sapinière était complète sur 20 hectares,
et une décision ministérielle de la même année fait de ces
20 hectares une série d'exploitation ou forêt distincte
dont elle fixe la révolution à 100 ans et la possibilité à
25 arbres, en attendant l'aménagement, qui doit être
réglé par décret.

La sapinière ne cesse de s'étendre. En 1856, elle contenait environ 100 hectares. La coupe ordinaire, toujours
de 25 arbres, ne suffisait plus depuis longtemps à
l'exploitation des bois secs et dépérissants qui s'accu-
mulaient dans la forêt et dont la commune sollicitait vai-
nement la vente comme coupe extraordinaire.

Espérant faire cesser un état de choses préjudiciable
aux intérêts dont il avait la gestion, le conseil municipal
demanda, en 1856, l'aménagement, c'est-à-dire le règlement définitif d'exploitation au lieu du règlement provisoire établi par la décision ministérielle de 1833.

Exécuté seulement en 1862, l'aménagement porte à
97ʰ65 l'étendue de la sapinière de Syam et la soumet à la
méthode du réensemencement naturel et des éclaircies.

Conformément à l'article 90 du C. F., le conseil municipal fut appelé à délibérer sur le projet. Les observations
qu'il présenta furent écartées, et, après la notification du
décret du 24 janvier 1863, le conseil résolut de soumettre au contrôle l'aménagement qui lui était imposé.

IV

LES MÉTHODES

Il s'agissait, pour le propriétaire des Eperons, d'apporter de l'ordre dans l'exploitation des coupes, afin de
pouvoir en contrôler les résultats.

Dans ce but, la forêt fut partagée sur le terrain en huit divisions, destinées à être suivies pour l'assiette des coupes.; mais on devait continuer à exploiter comme par le passé.;, rien ne devait être changé à l'arbitraire, si ce n'est d'asseoir sur une ou plusieurs divisions entières les coupes qui se faisaient précédemment au hasard.

L'innovation permit d'inventorier par division et sans confusion possible les arbres coupés et les arbres réservés.

Les inventaires se faisaient à chaque exploitation, et quelquefois on les renouvelait pour constater l'accroissement à des époques plus rapprochées.

Cette innovation n'était autre chose que l'application du contrôle à la méthode française, dite méthode des coupes par contenance, et les résultats du contrôle furent constatés au cahier d'aménagement.

On ne tarda pas à reconnaître que le contrôle donne le moyen de calculer l'augmentation de volume, c'est-à-dire l'accroissement du matériel de chaque division. Il devenait, par conséquent, possible de proportionner la coupe annuelle à cet accroissement constaté, et même de fixer pour chaque classe d'essences et de grosseur le nombre d'arbres à prendre dans chaque division jusqu'à concurrence du volume qu'elle doit fournir à la coupe. Il devenait également possible d'indiquer les conditions dans lesquelles le peuplement doit être rétabli par la coupe, pour que l'accroissement se reproduise comme par le passé et même pour qu'il puisse s'améliorer jusqu'à l'exploitation nouvelle.

Dans la sapinière de Syam, il s'agissait pour le conseil municipal de se rendre compte des résultats de l'aménagement, c'est-à-dire d'établir le contrôle. L'administration avait refusé de s'en charger, bien qu'à la demande qu'il en fit, le conseil municipal eût ajouté l'offre de subvenir aux dépenses.

L'administration n'établit que **4** divisions dans la sapinière de Syam et n'inventoria qu'une seule de ces divisions.

Le conseil municipal fit établir 11 divisions et inventorier le matériel principal sur chacune d'elles une première fois à l'automne de 1863, et de nouveau à l'automne de 1881.

L'administration ne se servit pas pour l'assiette des coupes des divisions établies par la commune, et ne donna d'inventaires ni pour les arbres coupés ni pour les arbres réservés. Elle fournit seulement pour les coupes annuelles le procès-verbal d'estimation, d'après lequel est arrêté le montant des frais de régie exigible par le fisc.

Le contrôle ne peut donc offrir la même précision dans la sapinière de Syam que dans celle des Eperons.

V

LE CONTROLE AUX ÉPERONS

Dans la forêt des Eperons, l'arbitraire ne devait être abandonné, si ce n'est pour l'assiette des coupes et pour l'établissement du contrôle, qu'après avoir obtenu, par une expérience suffisante, des données positives sur l'aménagement à adopter.

L'inventaire du matériel principal par division fut effectué, la première fois, à la fin de 1862, et renouvelé en 1868, 1874, 1879 et 1884. A chaque exploitation on fit l'inventaire des arbres réservés et des arbres coupés par division. Plusieurs divisions furent inventoriées dans l'intervalle des exploitations.

Pendant les premières années, les exploitations furent modérées et eurent pour objet la régularisation des peuplements par divisions. Cette opération consistait à desserrer les arbres lorsqu'ils se trouvaient trop groupés.

En 1866, les données sur l'accroissement n'étaient pas

2

encore suffisantes et l'on revint à la pratique des fortes coupes.

Grâce à l'ordre apporté dans l'exploitation et au contrôle qui donne le moyen de calculer le taux de l'accroissement des bois sur pied, ce retour aux anciens errements eut des résultats définitifs. Il eut pour conséquence de faire abandonner l'arbitraire et de fixer les bases certaines de l'aménagement.

Cette exploitation démontra que les fortes coupes sont préjudiciables au propriétaire, parce que le taux de l'accroissement de la plupart des arbres au moment où ils s'exploitent est supérieur au taux de l'intérêt de l'argent accepté comme terme de comparaison, et que cette supériorité peut se continuer pendant un certain espace de temps dont il est également facile de se rendre compte par le contrôle.

Ce fait établi, il fut décidé que la coupe principale annuelle serait supprimée et qu'on se bornerait à l'exploitation des arbres secs et dépérissants, jusqu'au moment où il résulterait des données du contrôle que le matériel principal serait rétabli dans une mesure suffisante. A partir de ce moment, la coupe principale serait équivalente à l'accroissement constaté depuis la dernière exploitation. Le matériel principal s'augmenterait encore : 1° du volume des arbres qui, en atteignant la grosseur de 0m60, passent à la futaie ; 2° de l'accroissement du volume de la coupe pour la moitié de la durée de la période, cette coupe se prenant par portions égales sur chacune des années de la période.

Dans la suite, le contrôle indiquera le moment où, par ces augmentations accumulées, le matériel principal sera parvenu au maximum qu'il ne peut utilement dépasser. A ce moment, le chiffre de la possibilité sera augmenté dans une mesure convenable pour prévenir les pertes d'accroissement.

Les résultats numériques du contrôle aux Eperons, pendant les 22 années écoulées du 1er janvier 1863 au 1er janvier 1885, se résument de la manière suivante :

1re période. — Durée 6 ans. — Du 1er janvier 1863 au 1er janvier 1869.

Matériel principal au 1er janvier 1869. .	13,961mc
Bois coupés du 1er janvier 1863 au 1er janvier 1869	5,873
Total. . . .	19,834
Matériel principal au 1er janvier 1863. .	12,919
Accroissement pendant la période écoulée.	6,915
— moyen annuel	1,152
— — par hectare et par an	11,07
Taux de l'accroissement annuel moyen.	8,80 °/₀

2e période. — Durée 6 ans. — Du 1er janvier 1869 au 1er janvier 1875.

Matériel au 1er janvier 1875.	11,784mc
Bois coupés du 1er janvier 1869 au 1er janvier 1875	6,241
Total. . . .	18,025
Matériel au 1er janvier 1869.	13,961
Accroissement pendant la période écoulée.	4,064
— moyen annuel.	677
— — par hectare et par an	6,51
Taux de l'accroissement annuel moyen.	4,90 °/₀

3e période. — Durée 5 ans. — Du 1er janvier 1875 au 1er janvier 1880.

Matériel au 1er janvier 1880.	15,722mc
A reporter	15,722mc

Report 15,722mc

Bois coupés du 1er janvier 1875 au
1er janvier 1880   435

Total. . . . 16,157

Matériel au 1er janvier 1869. 11,784

Accroissement pendant la période écoulée.   4,373

Accroissement moyen annuel   875

—   —   par hectare et par an   8,41

Taux de l'accroissement annuel moyen.   7,63 %

*4e période. — Durée 5 ans. — Du 1er janvier 1880 au
1er janvier 1885.*

Matériel au 1er janvier 1885. . . . . 18,830mc

Bois coupés du 1er janvier 1880 au
1er janvier 1885   863

Total. . . . 19,693

Matériel au 1er janvier 1875. 15,722

Accroissement pendant la période écoulée.   3,971

—   moyen annuel   794

—   —   par hectare et par an   7,63 %

Taux de l'accroissement annuel moyen.   5,00 %

*Contrôle sommaire pour les quatre périodes. — Durée
22 ans.*

Matériel au 1er janvier 1885. . . . . 18,830mc

Bois coupés du 1er janvier 1863 au
1er janvier 1885   13,317

Total. . . . 32,147

Matériel au 1er janvier 1863. 12,919

Accroissement pendant vingt-deux ans. .   19,228

—   moyen annuel   874

—   —   par hectare et par an   8,40

Taux de l'accroissement annuel moyen.   6,77 %

Les indications culturales résultant du contrôle se résument comme suit :

Les coupes de régularisation commencées à l'automne 1861 ont été favorables à l'accroissement.

Le retour aux fortes exploitations, qui a eu lieu de 1866 à 1875, a fait tomber immédiatement de près de moitié l'accroissement à l'hectare moyen et le taux auquel il se produit.

La suppression des coupes principales de 1875 à 1880 a rétabli dans une certaine mesure les conditions favorables à la reconstitution du matériel principal.

Pour la période de 1880 à 1885, la limite supérieure du montant des coupes à faire pendant sa durée avait été fixée au moment de la revision à 2 % par an, soit en totalité 10 % ou 1,572^{mc}. Pour ne pas affaiblir la progression du rétablissement de la forêt, ce chiffre aurait dû être dépassé ou au moins atteint, car en ne coupant, comme on l'a fait, que 863^{mc}, l'expérience prouve que l'accroissement s'est ralenti et qu'il s'est produit à un taux sensiblement inférieur à celui de la période précédente.

Pendant la prochaine période, de 1885 à 1890, on coupera la totalité de l'accroissement constaté dans la période précédente, soit 3,971^{mc}.

L'augmentation du matériel principal pendant la cinquième période se composera du volume des arbres qui atteindront la grosseur de 0^{m}60 et passeront ainsi à la futaie pendant sa durée, et de l'accroissement pour la moitié de la période de la coupe de 3,971^{mc} faite par cinquième, d'année en année.

Malgré le retour temporaire aux fortes exploitations, le matériel, qui était en nombre rond de 13,000^{mc}, s'est élevé en vingt-deux ans à 19,000^{mc}. L'augmentation a été de. . . . . 6,000^{mc}
Soit par année moyenne de. . . 278

Où bien par hectare et par an. . .   2^{mc}60
Et l'on a exploité dans le même temps   13,317^{mc}
Soit par année moyenne. . . .   605,30
Ou bien par hectare et par an. .   5^{mc}80

                Total. . . . 8^{mc}40

Sans ce retour aux errements du passé qui est une faute si l'on veut, faute qu'il n'a pas été inutile de commettre, le matériel principal serait actuellement plus fort, et le produit des coupes n'aurait pas été inférieur à celui que l'on a obtenu.

L'exploitation, trop faible pendant la quatrième période, a été également une faute, mais elle fait ressortir l'utilité du renouvellement fréquent des exploitations et l'influence qui en résulte sur la marche de l'accroissement. Si l'on avait augmenté le chiffre de la coupe, le matériel serait actuellement plus fort.

VI

LE CONTROLE DANS LA SAPINIÈRE DE SYAM

Le décret d'aménagement du 21 janvier 1863 fixe à 120 ans la révolution de la sapinière de Syam, partage cette révolution en quatre périodes de 30 ans chacune, et la forêt en quatre affectations qui doivent être régénérées dans les périodes correspondantes, savoir : la première dans la première période et ainsi des autres.

Cette régénération consistera pour chaque affectation, lorsqu'elle arrivera en tour, dans la réalisation par trentième du matériel existant, augmenté de son accroissement présumé que l'auteur de l'aménagement fixe arbitrairement à 0,008 du volume pour la première affectation, et dans la substitution, à ce matériel, de jeunes repeuplements qui seront âgés de 1 à 30 ans à l'expiration de la période.

Par suite, la forêt, qui se compose actuellement d'arbres de différents âges plus ou moins confusément mélangés, sera transformée à la fin de la révolution en une forêt d'âge gradué, dans laquelle les bois de 1 à 30 ans seront sur la quatrième affectation, ceux de 31 à 60 sur la troisième, et enfin ceux de 91 à 120 sur la première affectation. A ce moment l'exploitation recommencera par la première affectation et se continuera de la même manière que dans la révolution précédente.

Dans cet aménagement, le matériel total d'exploitation n'est pas inventorié au début, le contrôle de ce matériel ne se fait pas et l'administration a même refusé de l'établir. Les divisions que la commune a fait ouvrir n'ont pas été utilisées pour l'assiette des coupes, et l'administration ne donne pas l'inventaire des arbres exploités, mais seulement une estimation de ces bois faite à un point de vue exclusivement fiscal.

Les données de contrôle de l'aménagement de la sapinière de Syam sont :

1° Les inventaires généraux produits par la commune et accusant un matériel principal de 25,619 m. c. en 1863 et de 25,058 m. c. en 1881 ;

2° Le chiffre de la possibilité fixé par le décret du 21 janvier 1863 à 320 m. c. comprenant les coupes d'extraction prévues en remplacement des éclaircies. Dans ce chiffre entre le branchage à raison de 0,137 du bois de tige, ce qui réduit ce dernier à 282 m. c., soit pour les onze années écoulées jusqu'à la revision qui a eu lieu en 1874. 3,102

3° Du chiffre de la possibilité rectifié par décret du 27 novembre 1873 et fixé à 422 m. c. comprenant le branchage à raison de 0,137 du

A reporter 3,102

Report 3,102
bois de tige, ce qui réduit ce dernier à 371,15,
soit pour les onze années écoulées. 4,083
4° Du produit des éclaircies prévues au règlement approuvé le 11 juin 1874, évalué, à défaut
d'autres renseignements, au cinquième des produits principaux, proportion généralement ad-
mise avec la méthode d'aménagement suivie. . 817

TOTAL. . . . 8,002

A défaut du contrôle détaillé que le refus de l'administration et le caractère purement fiscal des renseignements
fournis sur les délivrances annuelles ne permettent pas
d'établir, le contrôle sommaire de l'aménagement de la
sapinière de Syam se résume de la manière suivante :

Matériel au 1er janvier 1885. . . . 25,058mc
Bois coupés du 1er janvier 1863 au
1er janvier 1885. 8,002

Total. . . 33,060
Matériel au 1er janvier 1863. . . . 25,619

Accroissement pendant 22 ans. . . 7,441
—   moyen annuel . . . 338,22
—   — par hectare et
par an. 3,46
Taux de l'accroissem. annuel moyen. 1,32 %

Le total du matériel à exploiter sur toute la forêt
pendant la première période de 30 ans était fixé par le
premier projet à 13,317 m. c., comprenant le branchage
à raison de 0,137 du bois de tige, ce qui réduit ce dernier
à 11,712 m. c., soit pour les vingt-deux années écoulées
8,589 m. c. sur toute la forêt. L'application du premier
projet aurait donc élevé le rendement moyen à 390 m. c.,
soit 4 m. à l'hectare, et le taux de l'accroissement à
1,52 %.

La commune n'a reçu, d'après le contrôle, que 8,002 m. c., soit 587 m. c. en moins.

Ces 587 m. c. représentent ce que perd encore la commune malgré les concessions qu'elle a obtenues depuis vingt-deux ans pour avoir fait suivre d'observations l'acceptation de la première proposition d'aménagement.

Il pouvait être tenu compte des observations soit immédiatement, soit aux revisions de l'aménagement qui ont lieu tous les dix ans. Mais elles ont été le prétexte du deuxième projet que la commune a rejeté parce qu'elle avait approuvé le premier.

Cette perte est distincte de celles qui résultent de la méthode d'aménagement adoptée par l'administration et qui seront appréciées ultérieurement.

VII

COMPARAISON DES MÉTHODES PAR LE RENDEMENT

Les forêts des Eperons et de Syam, identiques sous tous les autres rapports, diffèrent quant au matériel principal. Au début, le matériel principal à l'hectare moyen était de 124^{mc} aux Eperons ; il était de 262^{mc} à la forêt de Syam, excédant ainsi de 138^{mc} celui des Eperons.

Pour connaître aussi exactement que possible le rendement que l'on aurait obtenu de la sapinière de Syam par la méthode du contrôle telle qu'elle est pratiquée aux Eperons, nous allons réaliser par le calcul l'excès de peuplement, en multipliant cet excès par le nombre d'hectares de la forêt de Syam, soit 138×97^h65 . . . $13,476^{mc}$ et à ce chiffre nous ajouterons : 1° le montant de la coupe par hectare faite aux Eperons, soit $128^{mc} \times 97,65$ . . . . $12,499$

A reporter . . . . $\underline{25,975}$

2° Le montant par hectare de l'augmentation
du matériel aux Eperons, soit $57 \times 97,65$ . . . 5,566

Produit que la sapinière de Syam aurait
rendu en 22 ans par la méthode du contrôle. . 31,541

Soit par année moyenne 1,434

Dans le même temps cette forêt a produit par
la méthode du réensemencement naturel et des
éclaircies 8,002mc

Dont il faut retrancher la diminution du
matériel principal 561

Produit de la sapinière de Syam en 22 ans
par la méthode du réensemencement naturel et
des éclaircies 7,441

Soit par année moyenne. 338

Il résulte de cette comparaison que le rendement de la
sapinière de Syam par la méthode du réensemencement
naturel et des éclaircies étant pris pour unité, le rendement par la méthode du contrôle aurait été de 4,20,
c'est-à-dire plus que quadruplé, en 22 ans.

Ajoutons que cette supériorité de la méthode du contrôle sur la méthode du réensemencement naturel et des
éclaircies est établie dans des conditions défavorables à la
méthode du contrôle. On sait en effet que le matériel
initial de la forêt des Eperons se composait d'arbres de
rebut ne valant pas ceux que l'on aurait obtenus par la
réalisation raisonnée de l'excès de matériel initial de la
sapinière de Syam. On sait également qu'après quelques
années employées avec succès à la régularisation des peuplements, l'amélioration de la forêt des Eperons a été
retardée par le retour aux coupes arbitraires et par l'in-
suffisance de la coupe de la dernière période.

Cette comparaison étant prolongée pendant un plus

grand nombre d'années, la supériorité de la méthode du contrôle s'accentuerait de plus en plus, car le temps atténuerait les conditions mauvaises que présentait au début la forêt des Eperons.

Ajoutons encore que, dans la comparaison des rendements, le taux de l'accroissement annuel moyen est de 6,77 % avec la méthode du contrôle, tandis qu'il n'est que de 1,32 % avec la méthode du réensemencement naturel et des éclaircies. Avec la première, l'éducation de la futaie est plus profitable que le placement en argent, et avec la seconde elle l'est moins.

Nous savons enfin que le taux de l'accroissement annuel moyen dans la sapinière de Syam était encore de 4,163 % au 1er janvier 1863, et qu'après 22 années d'application de la méthode de réensemencement naturel et des éclaircies, au 1er janvier 1885, il est tombé à 1,32 %.

DEUXIÈME PARTIE

LE RÉGIME FORESTIER

I

LA LUTTE

Une lutte s'est élevée entre la commune de Syam et l'administration forestière, lutte de prérogatives dans laquelle l'administration soutient celles que lui confère la loi forestière, et la commune celles qui résultent pour elle du droit imprescriptible de propriété. L'administration forestière a pu, sans sortir de la légalité, épuiser les ressources de l'arbitraire et méconnaître jusqu'à l'extrême les intérêts et les droits de la commune, et celle-ci a épuisé les ressources de la légalité sans obtenir justice et poussé l'abnégation jusqu'aux dernières limites. Moins d'énergie de part et d'autre, et la mesure législative, d'où sortira naturellement et sans secousse la réforme du régime forestier et la réorganisation de l'administration sur sa base véritable, aurait pu longtemps encore rester inaperçue.

Dans la lutte qu'elle soutient depuis un si grand nombre d'années pour obtenir la réforme d'un aménagement préjudiciable à ses intérêts, sur lequel elle a été appelée à délibérer et qui lui a été imposé malgré ses protestations, la commune de Syam n'a eu recours qu'aux moyens légaux pour défendre ses prérogatives de propriétaire. Elle s'est pourvue en juridiction gracieuse, et en s'adressant à l'administration mieux informée, elle a produit tous les renseignements qui pouvaient jeter la lumière dans la question et faire apprécier la légitimité de sa demande.

Elle a été progressivement entraînée à l'étude des causes de ses insuccès, des défauts de l'aménagement, des vices du régime forestier, et enfin de la condition à laquelle ce régime doit être soumis pour que sa réforme soit la conséquence même de la loi d'exception qui l'institue.

L'origine de cette lutte est antérieure au 12 mars 1862, date de la première délibération du conseil municipal sur l'aménagement. Elle remonte même au delà de 1851.

A cette dernière date, d'inutiles réclamations ayant déjà été faites pour obtenir la vente des arbres secs et dépérissants, il avait été question de demander l'aménagement pour faire cesser le provisoire établi par la décision ministérielle de 1833.

Ce n'est qu'en 1856 que le conseil municipal formula cette demande, et il dut la renouveler deux ans plus tard.

Ce n'est qu'en 1862 que lui fut présenté le premier projet d'aménagement qui fixait la possibilité à 444^{mc}. Ce projet fut accepté par le conseil municipal et donna lieu à quelques observations dont on pouvait tenir compte de soite ou seulement à la revision, qui devait être faite au bout de 10 ans.

Ces observations furent le prétexte d'un nouvel aménagement, et l'économie de ce second projet était d'allonger de 10 ans la révolution que le premier projet fixait à 120 ans, et que la décision ministérielle de 1833 avait précédemment fixée à 100 ans, et de faire peser la réduction de possibilité qui en résultait sur la première période, dont la durée était portée à 40 ans.

Le conseil municipal repoussa ce nouveau projet, alléguant qu'il avait accepté le premier. L'administration passa outre et fit rendre le décret d'aménagement à la date du 21 janvier 1863. La possibilité fut fixée à 320^{mc} et la lutte prit un caractère plus accentué.

Au début de cette phase nouvelle, en même temps qu'il faisait diviser la forêt communale et inventorier le maté-

riel par division, le maire fit faire une étude approfondie
de l'accroissement des sapins dans la forêt de Syam.
L'étude porta sur les arbres abattus dans la première
coupe exploitée en vertu du décret d'aménagement, et
l'intention du maire était de ne se servir de cette expérience qu'au moment facile à prévoir où, l'aménagement
devenu inapplicable, un recours en juridiction gracieuse
pourrait être utilement formé.

A la fin de 1866, le moment parut favorable. L'aménagement était appliqué depuis quatre ans. Le désastre
occasionné par la première coupe de cet aménagement
avait pris de telles proportions, que le total des bois secs
et chablis s'élevait à 1,572 m. c., dépassant de 292 m. c.
le chiffre de la possibilité pour quatre ans, de sorte que
toute exploitation régulière eût été suspendue si l'on
n'avait échelonné les réductions à faire sur les années
subséquentes. Et le désastre pouvait continuer. Un tel
résultat semblait condamner l'aménagement qui l'avait
occasionné, car la commune ne pouvait être tenue à ne
retirer de sa forêt que des bois avariés.

A l'appui de son pourvoi, la commune produisit son
premier mémoire, rapportant l'expérience faite sur les
bois abattus dans la première coupe. Ce mémoire, imprimé
en 1867, établit :

1° Que l'accroissement des sapins dans la forêt de
Syam varie en raison de la composition des peuplements ;
qu'il peut tomber à 1 0/0 du matériel et même au-dessous,
quand les arbres sont trop nombreux ou mal agencés dans
les massifs, qu'il s'élève à 8 0/0 et plus quand l'agence-
ment des arbres est convenable, et qu'il est au 1er janvier
1863 de 4,163 0/0 sur l'ensemble du matériel principal ;

2° Qu'il existe un matériel surabondant de 14,368 m. c.
ayant occasionné, de 1833 à 1863, par le fait seul de sa
présence en forêt, une perte d'accroissement équivalente
à 11,344 m. c.;

3° Qu'il convient de réaliser en dix ans ce matériel superflu et même nuisible ;

4° Qu'il est nécessaire d'établir définitivement sur le terrain les lignes de division ouvertes par la commune afin de pouvoir organiser le contrôle du matériel ;

5° Que le nombre d'années de la révolution ne peut être fixé qu'arbitrairement et que cette révolution n'est d'ailleurs d'aucune utilité pour l'aménagement.

Le conseil municipal délibéra conformément à ces conclusions, demanda la réforme de son aménagement et offrit de pourvoir à la dépense.

L'administration ne prit pas cette demande en considération et ne tint aucun compte du mémoire.

En 1870, et sans plus de succès, la commune offrit à l'Assemblée nationale une subvention patriotique de 100,000 fr. par un emprunt sur sa forêt.

Plus tard, lorsqu'il fut question de la construction par l'Etat du chemin de fer de Champagnole à Morez, dont le tracé suit la vallée de Syam, la commune abandonna gratuitement le terrain nécessaire à l'emplacement de la voie et promit une subvention de 50,000 fr. Dans le but de pourvoir à cet engagement et de se procurer en outre une somme de 70,000 fr. nécessaire pour conduire et distribuer de l'eau dans le village, elle renouvela sa demande de réforme de l'aménagement et présenta à l'appui un second mémoire qui fut imprimé en 1882. Ce nouveau mémoire s'appuie sur les expériences rapportées dans le premier et dont les résultats, n'ayant pas été contestés par l'administration, doivent être considérés comme acquis. Il contient le deuxième inventaire du matériel de la sapinière, évalué à 33,081 m. c., d'une valeur de 529,296 fr., le montant des pertes résultant de la diminution d'accroissement occasionnée par les aménagements de l'administration, approfondit les défauts de ces aménagements et de l'enseignement de l'Ecole forestière, et indique de quelle manière doit être modifié l'article 15 du code forestier pour que toutes les réformes nécessaires en découlent naturellement.

Cette nouvelle demande n'eut pas plus de succès que les précédentes.

Enfin le paiement des subventions promises étant devenu exigible par suite du degré d'avancement des travaux, le conseil municipal reproduisit encore sa demande afin de se créer, par une augmentation de revenu, l'annuité nécessaire au remboursement d'un emprunt de 120,000 fr., comprenant la subvention de 50,000 fr. à l'Etat et les 70,000 fr. à affecter aux travaux communaux.

Répondant à cette dernière demande, l'administration reconnaît enfin que la méthode d'aménagement imposée à la commune n'a pas eu de bons résultats dans la sapinière de Syam, est d'avis d'autoriser une coupe extraordinaire de 50,000 fr., valeur égale au montant de la subvention gracieusement offerte à l'Etat, mais sans se préoccuper des 70,000 fr. nécessaires pour les travaux communaux, et propose le retour à la méthode du jardinage, que la commune sollicite inutilement depuis plus de 20 ans.

Par une aberration qu'explique l'enseignement erroné de l'Ecole forestière, la révolution de 120 ans est conservée dans cette dernière proposition. Or, la révolution qui est sans utilité pour l'aménagement est particulièrement en contradiction avec le jardinage vrai, celui qui est institué par l'arrêt du conseil du 29 août 1730 et qui fixe la possibilité par division en raison de l'accroissement du matériel et des besoins de la commune propriétaire. La coupe extraordinaire dans la forme où elle est proposée est même en contradiction avec la méthode du jardinage.

II

La révolution est le nombre d'années fixé pour l'exploitation de la forêt. Peu d'arbres arrivent à sa limite ; la plupart sont exploités beaucoup plus tôt, et l'on se demande quelle est son utilité dans l'aménagement.

La révolution est, dit-on, un cadre d'aménagement. Il serait plus exact de dire qu'elle est un moyen de masquer l'arbitraire sous une certaine apparence d'ordre, un truc que la lutte soutenue par la commune de Syam a dévoilé en mettant en évidence le jeu de la révolution dans l'aménagement.

Une décision ministérielle de 1833 fixe l'étendue de la sapinière communale de Syam à 20 hectares et sa possibilité à 25 arbres, soit un arbre un quart par hectare et par an. Le volume de cet arbre est de 3 à 4^{mc}, et la possibilité de 75 à 100^{mc}, soit 4^{mc}50 par hectare, donnée empirique dans les limites de laquelle il est d'usage de rester pour les aménagements de futaies.

En 1862, la sapinière contient 97 h. 65, et d'après la donnée empirique sur la production, la possibilité doit être d'environ 440^{mc}. Le matériel à exploiter pendant la première période est évalué à 13,317^{mc}. Avec la révolution de 100 ans la période serait de 25 ans, et la possibilité de 533^{mc}. Mais il s'agit de rester dans les limites de la donnée empirique d'une production de 4 à 5^{mc} par hectare, la révolution est allongée de 20 ans, la possibilité est par suite de 444^{mc} et le but est atteint.

Le conseil municipal, appelé à délibérer sur le projet d'aménagement, présente quelques observations ; la révolution est immédiatement changée. Au lieu de tenir compte des observations présentées, la discussion des agents forestiers porte sur la question de savoir si l'allongement sera de 10 ou de 12 ans, et le débat est tranché par le décret du 24 janvier 1863, qui fixe la révolution à 130 ans, et fait peser exclusivement sur la première période la diminution des délivrances annuelles qui sont réduites de 444 à 320me.

La commune réclame contre cet allongement arbitraire. Elle obtient en 1874, après dix ans d'instances, le retour à la révolution de 120 ans et une possibilité de 422^{mc}, mais l'administration déclare dans le rapport de ses agents que cette première révolution de 120 ans est considérée comme transitoire, et que les révolutions suivantes seront de 140 ans et plus.

Tel est le jeu de la révolution dans l'aménagement, et la commune de Syam n'a pas encore pu se récupérer de ce que lui attribuait le premier projet.

III

LES PERTES D'ACCROISSEMENT

Dans son deuxième mémoire, la commune de Syam évalue les pertes d'accroissement éprouvées de 1833 à 1885 à . . . . 33,081^{mc}

Pertes de 1833 à 1863 seulement. 11,344

Reste pour les pertes occasionnées par le dernier aménagement, du 1er janvier 1863 au 1er janvier 1882 21,737

Soit 1/19e par année moyenne 1,144

Cette évaluation est confirmée par la comparaison des rendements établie au § VII de la première partie de ce mémoire.

Traitée comme la forêt des Eperons, la sapinière de

Syam aurait produit en vingt-deux ans. . . . $31,541^{mc}$
  Elle n'a donné avec l'aménagement imposé
à la commune que 8,002

Reste pour la perte constatée en vingt-deux
ans. . . . . . , ... 23,539
Soit par année moyenne 1,070

Le chiffre des pertes annuelles prévu par l'expérience d'accroissement serait supérieur de 74^{mc} à celui que donne le contrôle. Mais on se rappelle que la comparaison du rendement par les deux méthodes est établie dans des conditions particulièrement défavorables à la méthode du contrôle. Cette faible différence, au lieu d'infirmer les conclusions de l'expérience, ne fait donc que les corroborer.

Aucun doute n'est désormais possible sur l'étendue des pertes éprouvées par la commune de Syam, et ces pertes, constatées dès 1866, étaient le motif produit en juridiction gracieuse pour obtenir la réforme de l'aménagement qui les a occasionnées.

IV

EFFETS GÉNÉRAUX DU RÉGIME FORESTIER ACTUEL

La commune de Syam, dans la lutte qu'elle soutient, ne se considère pas comme isolée. Elle a fait appel aux maires. Cet appel a été entendu, car l'intérêt général est en jeu dans la question. Les pertes qu'éprouve la commune de Syam, d'autres communes et l'Etat lui-même les éprouvent. Le pays tout entier s'en ressent.

Lorsque l'enseignement forestier affirme que l'éducation des futaies est onéreuse, que l'Etat seul, et dans une certaine mesure les communes, doivent supporter les sacrifices qu'elle impose, c'est un mensonge que l'on affirme, la vérité est que la culture forestière ne peut être rémunératrice sans l'éducation des futaies.

Ce mensonge a eu les plus graves conséquences. Il a été la cause de la destruction des futaies et de l'appauvrissement des richesses forestières de la France. Les droits d'entrée sur les bois ont été supprimés, des courants commerciaux se sont établis dans toutes les directions pour faire affluer en France les bois étrangers. La main-d'œuvre, qui trouvait son emploi dans les champs en été, dans les bois en hiver, et qui avait besoin de cette double rémunération pour ne pas s'éloigner des campagnes, a émigré vers les villes au détriment de l'agriculture. Elle s'est démoralisée par suite de cette émigration et de l'incertitude du lendemain. Les industries de la forêt, nombreuses autrefois dans les campagnes, ont déserté, et nous sommes tributaires de l'étranger pour le bois et pour le travail même de cette matière. Dans les pays forestiers, chaque ménage avait du bois de service et d'industrie en réserve pour son usage et pour la vente en détail, qui se faisait dans de bonnes conditions. Cette réserve n'existe plus et ne se renouvelle pas.

En abaissant le taux de placement des capitaux en forêt au-dessous de l'intérêt de l'argent et en réduisant le rendement des futaies au quart de ce qu'il était avec l'ancienne méthode française, l'enseignement de l'Ecole et l'aménagement adopté par l'administration ont jeté une perturbation profonde dans le pays. Sur trois millions d'hectares soumis au régime forestier, moitié peuvent être considérés comme futaie pleine ayant subi une diminution de 10 à 12 m. c. sur le rendement annuel moyen par hectare. Le prix actuel de la main-d'œuvre de toute nature : abatage, façon, transport, ne peut être estimé au-dessous de 25 fr. par mètre cube. C'est donc un appoint annuel de 15 ou 18 millions enlevé à la main-d'œuvre dans les campagnes. Un appoint de 200 à 250 fr. de salaire annuel

aurait suffi pour prévenir l'émigration d'une famille vers la ville. Le salaire forestier aurait donc pu retenir 75 ou 80,000 familles et prévenir l'immense perturbation qui résulte de ce déplacement de près de 500,000 personnes à la recherche de ressources inconnues pour suppléer à celles qu'elles n'ont plus.

La diminution du revenu des communes, des établissements publics et de l'Etat a déterminé l'augmentation des impôts, la pire des ressources, et une grande gêne. La dette s'est accrue dans des proportions effrayantes. Les constructions rurales sont défectueuses et même misérables. Nombre de villages manquent des choses d'utilité commune. Les ressources atténuées dont on dispose encore sont mal employées, et beaucoup de municipalités renoncent aux améliorations par horreur du gaspillage.

V

CONTRÔLE

Le régime forestier est pour beaucoup dans cette situation, qui ne peut être trop approfondie. Et cependant personne ne conteste l'utilité de ce régime. On comprend que son organisation est défectueuse et qu'elle peut être améliorée. On se plaint et on attend.

L'opinion publique soutient l'administration forestière. On ne s'attaque pas aux personnes, mais à l'organisation du personnel. Et jusqu'à présent les moyens que l'on propose pour y remédier ne peuvent produire d'autres résultats que des froissements ou des compétitions personnelles.

La base de l'organisation d'un service n'est pas dans l'honorabilité des personnes, qui est le bien commun de tous, mais dans les règles établies pour le fonctionnement du service.

Le code de 1827, loi d'exception, a pour objet de réglementer le régime forestier, et c'est dans le principe même de la réglementation qu'il institue que gît le mal.

Aux prises avec les difficultés de ce régime, qu'elle n'a pas craint d'aborder de front et de combattre exclusivement par les moyens légaux, attendant la justice du temps, la commune de Syam, dans une lutte qui dure depuis plus de vingt ans, a fait ressortir le principe du mal.

Il s'agit d'administrer les bois soumis au régime forestier et finalement d'en tirer le revenu le plus avantageux. Il faut donc tout d'abord inventorier la richesse forestière, renouveler les inventaires et les comparer entre eux. L'organisation du personnel sera déterminée par ces besoins fondamentaux du service, et les données du contrôle rectifieront l'enseignement et la pratique des aménagements.

VI

LA RÉFORME

L'article 15 du code forestier est ainsi conçu :

« Tous les bois et forêts du domaine de l'Etat sont assu-
» jettis à un aménagement réglé par des ordonnances
» royales. »

D'après cette disposition, l'aménagement, n'étant pas subordonné au contrôle du matériel forestier, est arbitraire.

L'article doit être réformé comme suit :

« Tous les bois et forêts du domaine de l'Etat sont assu-
» jettis au contrôle du matériel et à un aménagement
» réglé par des décrets rendus en conformité de ce
» contrôle. »

De cette modification au texte de la loi qui se justifie par l'énoncé même, découlent naturellement et sans secousse : la réforme de l'enseignement forestier et de la pratique des aménagements; la réorganisation du service et le partage logique des attributions du personnel.

Le rétablissement de nos richesses forestières, le rappel sur notre sol des capitaux nécessaires à l'approvisionnement de la consommation ligneuse, le retour de l'aisance et des ouvriers dans les campagnes, en seront les conséquences prochaines.

Ces améliorations en amèneront d'autres, et dans un laps de temps relativement court et que l'on peut abréger, tous ces résultats seront atteints.

RÉSUMÉ ET CONCLUSION

La comparaison des deux méthodes de traitement, l'une imposée à la commune qui la repousse, et l'autre demandée par la commune et finalement acceptée en principe par l'administration après vingt-deux années de lutte, justifie deux réformes importantes à des degrés différents, celle de l'aménagement de Syam et celle du régime forestier.

La première consiste à adopter la méthode du contrôle pour l'aménagement de Syam. Le principe en est admis et la commune ne peut manquer d'obtenir satisfaction prochaine.

La réforme du régime forestier, également demandée par la commune, résultera naturellement d'une loi ayant pour objet de subordonner l'aménagement au contrôle du matériel d'exploitation et dont l'urgence paraît certaine.

BESANÇON, IMP. PAUL JACQUIN.

DU MÊME AUTEUR :

Premier mémoire de la commune de Syam à l'appui
d'un pourvoi contre l'aménagement de ses forêts.
Besançon, 1867, J. Jacquin, imprimeur.

Deuxième mémoire de la commune de Syam sur
l'aménagement de ses forêts. Besançon, 1882, J. Jacquin,
imprimeur.

www.ingramcontent.com/pod-product-compliance
Lightning Source LLC
Chambersburg PA
CBHW070720210326
41520CB00016B/4411